FORSCHUNGSBERICHT DES LANDES NORDRHEIN-WESTFALEN

Nr. 3041 / Fachgruppe Physik/Chemie/Biologie

Herausgegeben vom Minister für Wissenschaft und Forschung

Prof. Dr. rer. nat. Paul Rademacher
Dipl.-Chem. Heinrich-Peter Koopmann
Institut für Organische Chemie
Universität - Gesamthochschule - Essen

Konformation, Struktur und
Pseudorotation von
Azacyclopentanen

Springer Fachmedien Wiesbaden GmbH 1981

CIP-Kurztitelaufnahme der Deutschen Bibliothek

Rademacher, Paul:
Konformation, Struktur und Pseudorotation von
Azacyclopentanen / Paul Rademacher ; Heinrich-
Peter Koopmann. - Opladen : Westdeutscher Ver-
lag, 1981.

(Forschungsberichte des Landes Nordrhein-
Westfalen ; Nr. 3041 : Fachgruppe Physik,
Chemie, Biologie)
ISBN 978-3-531-03041-8
NE: Koopmann, Heinrich-Peter:; Nordrhein-West-
falen: Forschungsberichte des Landes ...

© 1981 by Springer Fachmedien Wiesbaden
Ursprünglich erschienen bei Westdeutscher Verlag GmbH, Opladen 1981

Gesamtherstellung: Westdeutscher Verlag

ISBN 978-3-531-03041-8   ISBN 978-3-663-19651-8 (eBook)
DOI 10.1007/978-3-663-19651-8

Inhalt

Einleitung	3
Problemstellung	5
Pyrrolidin	8
Theoretische Untersuchung	8
Spektroskopische Untersuchung	9
Elektronenbeugung	10
Pyrazolidin	13
Theoretische Untersuchung	13
Spektroskopische Untersuchung	15
Elektronenbeugung	19
Imidazolidin und 1,2,4-Triazolidin	23
Zusammenfassung	25
Experimentelles	26
Verwendete Geräte	26
Substanzen	26
Anhang. Das Programm CECAL	27
Literaturangaben	33
Anerkennung	37

Einleitung

Bei der Konformationsanalyse gesättigter cyclischer Verbindungen mittlerer Ringgröße beobachtet man entweder die Bevorzugung einer oder mehrerer Konformationen mit definierter Geometrie oder aber mehrere unterschiedliche Konformere, die in etwa energiegleich und nur durch kleine Potentialschwellen voneinander getrennt sind (Pseudorotation).[1-4] So zeichnen sich z.B. Sechsringverbindungen durch die relativ starre Sesselkonformation aus, und Achtringe besitzen entweder die Sessel-Wannen- oder die Kronenform. Demgegenüber findet man bei Fünf- und Siebenringen im allgemeinen keine bevorzugte Konformation. Cyclopentan (1)[5,6] besitzt kein starres Gerüst, und eine definierte Geometrie läßt sich nicht angeben. Als Ursache ist die starke Wechselwirkung der Wasserstoffatome (Pitzer-Spannung) anzusehen, da diese in einem planaren Ringsystem eklipitsch zueinander stehen.

Ein gewellter Fünfring kann symmetrielos sein oder im Grenzfall C_s- bzw. C_2-Symmetrie besitzen (Briefumschlag- bzw. Halbsesselform, 1a bzw. 1b). Diese beiden Grenzkonformationen und sämtliche Zwischenstufen sind beim Cyclopentan nahezu energiegleich. Nur wenn der Ring planar oder extrem gefaltet wird,

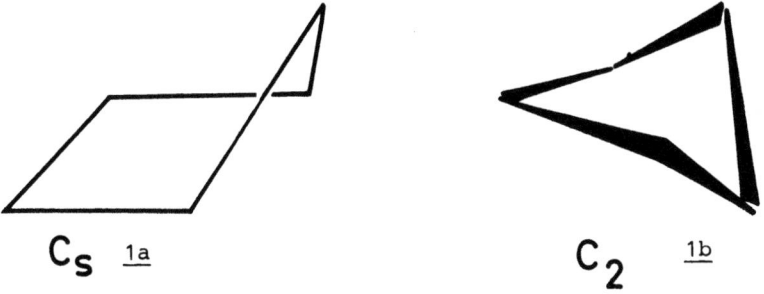

C_s 1a C_2 1b

nimmt die Energie stärker zu. Cyclopentan liegt daher als Gemisch zahlreicher Konformerer vor, die durch Pseudorotation ineinander übergehen können. Dabei schwingen die Gerüstatome senkrecht zur statistisch gemittelten Ringebene, und es läuft eine Art Wellenbewegung um den Ring.

Durch Substituenten, Doppelbindungen oder Heteroatome kann das Pseudorotationspotential derart verändert werden, daß bestimmte

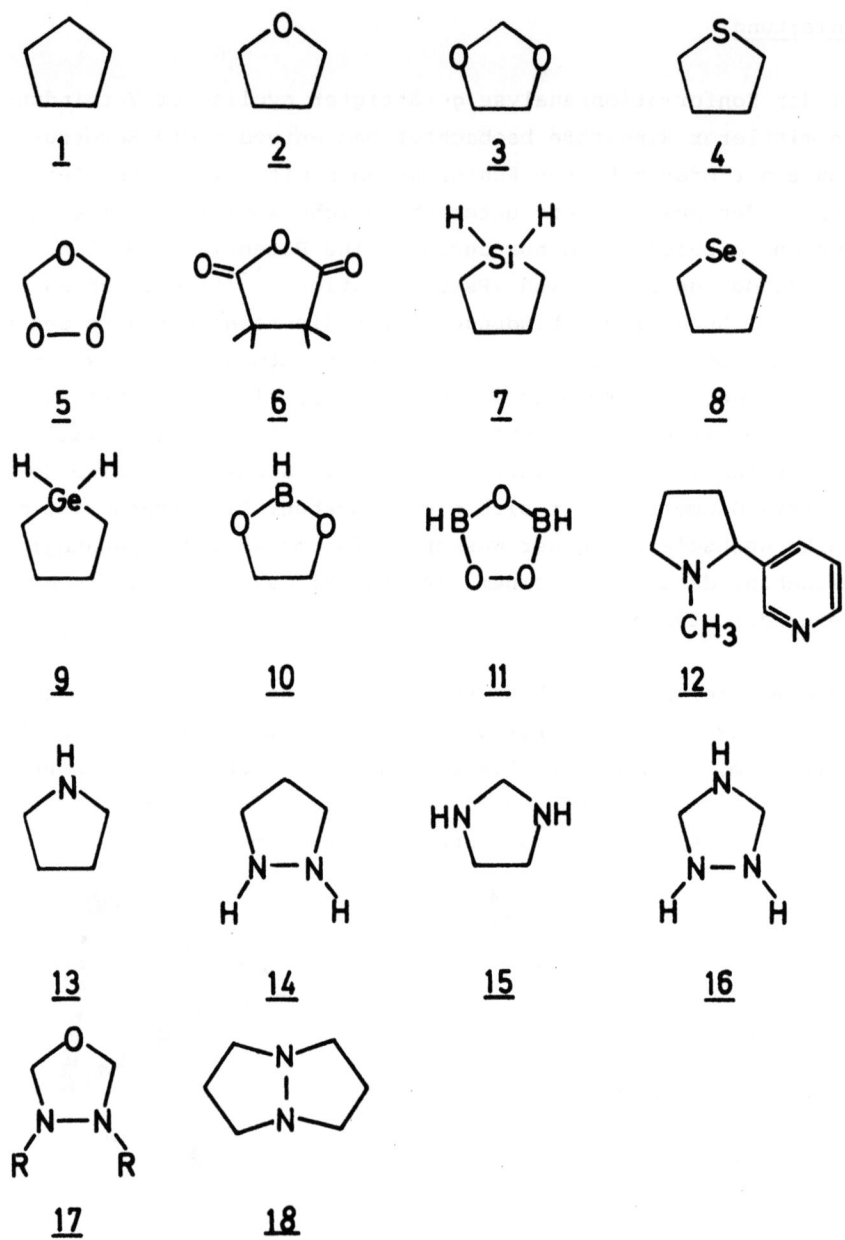

Formen begünstigt und andere ausgeschlossen werden und im Grenzfall eine Fünfringverbindung nur <u>eine</u> stabile Konformation besitzt. Während z.B. Tetrahydrofuran (<u>2</u>)[5,7,8] und 1,3-Dioxolan (<u>3</u>)[5,8,9] Pseudorotation zeigen, findet man bei Tetrahydrothiophen (<u>4</u>)[5,9] und 1,2,4-Trioxolan (<u>5</u>)[10,11,12] jeweils nur eine stabile Konformation.

Die Struktur mehrerer Fünfringverbindungen wie Cyclopentan (<u>1</u>)[6], Oxolan (<u>2</u>)[7], Thiolan (<u>4</u>)[9], 1,2,4-Trioxolan (<u>5</u>)[10] und Tetramethylbernsteinsäureanhydrid (<u>6</u>)[13] wurde mit Hilfe der Elektronenbeugungsmethode untersucht. Bei dieser Methode werden im allgemeinen zuverlässige Strukturdaten erhalten, wenn die Verbindung nur eine stabile Konformation besitzt; Konformerengemische sind nur schwer zu analysieren.[14]

Die Struktur bzw. die Pseudorotationspotentiale mehrerer Moleküle wie <u>1</u> - <u>5</u>, Sila-, Selena- und Germacyclopentan (<u>7</u> - <u>9</u>) sowie 1,3,2-Dioxaborolan (<u>10</u>) und 1,3,4-Trioxa-2,5-diborolan (<u>11</u>) wurden mit Hilfe der Infrarot-, Raman-, Ferninfrarot- oder Mikrowellen-Spektroskopie bestimmt.[5,12,16-18]

Erstaunlicherweise liegen - abgesehen von einer älteren, wenig zuverlässigen Elektronenbeugungs-Untersuchung an Pyrazolidin (<u>14</u>)[19] - keine Strukturdaten von gesättigten Stickstoff-haltigen Fünfringen vor. Eine thermodynamische Studie an <u>13</u> ergab eine Pseudorotationsbarriere von 1.2 kJ/mol.[20] In Nicotin (<u>12</u>) liegt nach NMR-Untersuchungen der Pyrrolidin-Ring in einer Briefumschlagform vor, wobei die Methyl- und die Pyridylgruppe äquatoriale Positionen einnehmen.[21]

Problemstellung

Ziel der vorliegenden Arbeit war es, die konformativen und strukturellen Eigenschaften von Azacyclopentanen wie Pyrrolidin (<u>13</u>), Pyrazolidin (<u>14</u>), Imidazolidin (<u>15</u>) und 1,2,4-Triazolidin (<u>16</u>) zu bestimmen. Dabei sollte u.a. geklärt werden, ob diese Verbindungen eine bestimmte Konformation bevorzugen oder Pseudorotation zeigen. Da <u>13</u> bereits von anderen Autoren eingehender untersucht wurde und die Systeme <u>15</u> und <u>16</u> in ihren Stammverbindungen unbekannt sind, lag der Schwerpunkt unserer Untersuchungen auf <u>14</u>.

Bei der Untersuchung von heterocyclischen Fünfringverbindungen sind insbesondere die folgenden Einflüsse auf die konformativen Eigenschaften zu beachten:[4]

    1.) Die Wechselwirkung (Ww) von Wasserstoffatomen mit einsamen Elektronenpaaren unterscheidet sich von H-H-Wechselwirkungen.

2.) Bei zwei oder mehreren Heteroatomen erfolgen Ww der einsamen Elektronenpaare untereinander.

3.) Die Torsionspotentialkurven einer C-X- und einer X-X-Bindung (X = Heteroatom) sind verschieden von derjenigen einer C-C-Bindung.

4.) Atomanordnungen der Art $-X-CH_2-X-$ und $-X-CH_2-CH_2-X-$ besitzen bestimmte konformative Eigenschaften (gauche-Effekt, allgem. anomerer Effekt), die zur Bevorzugung bestimmter Formen des Fünfrings führen können.

Die Untersuchungen sollten mit Hilfe experimenteller und theoretischer Methoden durchgeführt werden, wobei erstere selbstverständlich nur bei den in Substanz bekannten Verbindungen 13 und 14, letztere aber bei 13 - 16 anwendbar sind.

Als Strukturbestimmungsmethode bietet sich die Elektronenbeugung an, da bei vertretbarem Zeitaufwand relativ verläßliche Parameter an den gasförmigen Substanzen ermittelt werden können. Allerdings sind bei Konformerengemischen Schwierigkeiten zu erwarten, da die Methode schlecht zwischen mehreren ähnlichen Atomabständen differenzieren kann, so daß im Falle von Pseudorotation nicht mit realistischen Parametern für die Molekülgeometrie zu rechnen ist.[14]

Die innere Bewegung und die Pseudorotation eines Moleküls läßt sich durch NMR-, Ferninfrarot- bzw. Raman-Spektroskopie studieren;[5,18] die Anwendbarkeit dieser Methoden auf 13 und 14 soll untersucht werden.

Mittlere Ringtorsionswinkel ϕ erhält man NMR-spektroskopisch nach der sogenannten R-Wert-Methode gemäß Gl. 1 aus den Kopplungskonstanten vicinaler Protonen, wobei R gleich dem Quotienten aus trans- und cis-Kopplungskonstante ist. Entsprechende Untersuchungen wurden z.B. an 1, 2, 4 und 13 durchgeführt.[22]

$$\phi = \text{Arcos}\,[3/(2 + 4R)]^{1/2};\quad R = {}^3J_{trans}/{}^3J_{cis} \qquad (1)$$

Bei den theoretischen Methoden kommen quantenchemische und molekularmechanische in Betracht. Wünschenswert sind eingehende ab-initio-Berechnungen, ähnlich wie sie von Cremer an Oxolanen vorgenommen wurden[11,23], da nur diese Methode die einsamen Elektronenpaare hinreichend genau erfaßt. Von den semiempirischen Methoden bieten sich die MINDO/2- und das MNDO-Verfahren von Dewar an.[24,25]

Kraftfeld-Modelle nach dem Westheimer-Hendrickson-Verfahren[1] sind für verschiedene Substanzklassen entwickelt worden[26]. Das Kraftfeld von Allinger[27] wird wegen seiner relativ leichten Zugänglichkeit und Anwendbarkeit häufig benutzt. Bei Molekülen mit mehreren Heteroatomen und bzw. oder Mehrfachbindungen ergibt sich jedoch das Problem, daß elektrostatische Wechselwirkungen nicht mit hinreichender Genauigkeit berücksichtigt werden können. Außerdem sind auch die Potentialfunktionen einzelner Bindungen und Winkel nur unzureichend bekannt und nicht ohne Vorbehalt auf andere Moleküle übertragbar.

Die Konformationsanalyse durch Photoelektronenspektroskopie[28] ist demgegenüber für Moleküle mit mehreren Heteroatomen besonders gut geeignet, da die konformationsabhängige Wechselwirkung von n-Orbitalen sich aus den Ionisationspotentialen der n-Elektronen (freie Elektronenpaare) ermitteln läßt. Entsprechende Untersuchungen wurden z.B. an Hydrazinen und Peroxiden, aber auch an Heterocyclen wie $\underline{5}$[29] und 1,3,4-Oxadiazolidinen $\underline{17}$[30] durchgeführt.

Bei komplexen Konformationseigenschaften führt eine einzelne Methode im allgemeinen nicht zum Erfolg, sondern nur die Kombination mehrerer Verfahren ergibt ein detailliertes Bild der inneren Beweglichkeit des Moleküls.

Pyrrolidin

Nach thermodynamischen[20] und NMR-spktroskopischen[22] Untersuchungen gehört Pyrrolidin zu den pseudorotierenden Molekülen. Die Pseudorotationsbarriere beträgt etwa 300 cal/mol[20] und die mittleren Torsionswinkel für die C_2-C_3 und die C_3-C_4-Bindungen betragen 39 bzw. 24°.[22]

Theoretische Untersuchung

Mit den im Anhang (Tab. 8) aufgeführten Bindungsabständen wurden für verschiedene, nach CECAL optimierte Konformationen die relativen Spannungsenergien (CECAL) und Bildungswärmen (MINDO/2) berechnet. Die Ergebnisse sind zusammen mit den Bindungs- und Torsionswinkeln α bzw. ϕ in Tab. 1 aufgeführt; die Definition der Winkel ist aus Abb. 1 ersichtlich.

Die Ergebnisse lassen keine durch besondere Stabilität ausgezeichnete Konformation erkennen. Die Energieunterschiede zwischen den Konformeren C_s und C_2 dürften innerhalb

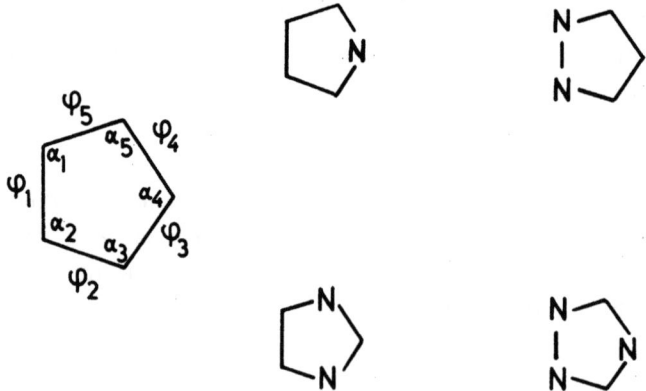

Abb. 1: Definition der Bindungs- und Torsionswinkel

Tab. 1: CECAL- und MINDO/2-Ergebnisse für verschiedene Konformationen von Pyrrolidin

	eben	C_2	C_s
α_1 (°)	105.8	101.3	103.5
α_2 (°)	105.8	101.3	103.5
α_3 (°)	110.6	105.3	103.4
α_4 (°)	107.2	108.7	99.9
α_5 (°)	110.6	105.3	103.4
ϕ_1 (°)	0.0	42.0	0.0
ϕ_2 (°)	0.0	-34.8	30.0
ϕ_3 (°)	0.0	13.5	-49.1
ϕ_4 (°)	0.0	13.5	49.1
ϕ_5 (°)	0.0	-34.8	-30.0
E (kcal/mol)	5.41	0.00	0.13
ΔH_f (kcal/mol)	-0.16	-0.51	1.73

der Genauigkeit der Rechenverfahren liegen. Diese Befunde legen für Pyrrolidin ein Konformerengemisch nahe.

Spektroskopische Untersuchung

Die Schwingungsspektren des Pyrrolidins wurden von verschiedenen Autoren eingehend untersucht.[20,31,32] Krueger und Jan[31] schlossen aus der Lage und der Intensität von Bohlmann-Banden[33] auf ein Gemisch von zwei Halbsesselformen (in CCl_4-Lösung) mit einem Energieunterschied von ca. 0.2 kcal/mol, die sich in der Lage des H-Atoms am Stickstoff (axial bzw. äquatorial) unterscheiden. Khoan et al.[32] berechneten die Schwingungsfrequenzen für die Briefumschlagform mit axialem und äquatorialem N-H und erhielten für die beiden Pseudorotations-Schwingungen 60 (A") und 172 (A' äquatorial) bzw. 166 cm^{-1} (A' axial).

Als langwelligste Ramanlinien werden von den Autoren[32] 305 und 320 cm^{-1} angegeben, die mit den berechneten Werten schlecht übereinstimmen. Wir haben deshalb das Raman-Spektrum des flüssigen Pyrrolidins neu aufgenommen und finden eine sehr schwache depolarisierte Linie bei 145 cm^{-1}, die der A"-Schwingung zugeordnet werden kann. Die Aufnahme eines FIR-Spektrums der gasförmigen Substanz gelang infolge apparativer Unzulänglichkeiten (zu geringer Dampfdruck der Probe, keine beheizbare Küvette) nicht.

Die Temperaturabhängigkeit des ^{1}H-NMR-Spektrums wurde im Bereich -50 bis 100°C untersucht. Außer der assoziationsbedingten Verschiebung des NH-Signals (δ = 2.8 bis 1.6 ppm) wurde keine Veränderung des Spektrums beobachtet. Dieser Befund ist mit einem Konformerengemisch vereinbar, deren Komponenten durch Potentialschwellen von weniger als 5 kcal/mol getrennt sind.

Elektronenbeugung

Die Beugungsaufnahmen wurden im Institut für Physikalische Chemie der Universität Tübingen mit einem Gasdiffraktographen KD-G2 (Balzers) bei einer Beschleunigungsspannung von ca. 60 kV und Kameraabständen (Abstände zwischen Streuzentrum und Photoplatte) von 250 und 500 mm durchgeführt. Die Temperatur der Probe betrug 0° C. Die Wellenlänge λ der Elektronen wurde an einer Zinkoxidprobe zu 0.049274 $\pm$ 0.000016 Å (250 mm) bzw. 0.049332 $\pm$ 0.000018 Å (500 mm) bestimmt. Für jeden Kameraabstand wurden fünf Platten mit unterschiedlicher Belichtungszeit aufgenommen, von denen nach dem Entwickeln die zwei besten zur weiteren Auswertung ausgewählt wurden. Die Schwärzung der Platten wurde mit einem automatischen Mikrophotometer in Schrittweiten von 0.1 mm gemessen. Dabei rotierte die photographische Platte; die Registrierung erfolgte jedoch nur in einem bestimmten Sektor, um weniger gute Zonen auszuschließen und einen großen Streuwinkelbereich auf der rechteckigen Platte ausnutzen zu können. Die erhaltenen Daten wurden in der üblichen Weise weiterbearbeitet und ausgewertet.[34,35]

Die erhaltene Streukurve ist in Abb. 2 als Funktion von s = (4 sin θ)/λ, θ = halber Streuwinkel, dargestellt. Abb. 3 zeigt die durch Fourier-Transformation erhaltene Radialkurve. Die-

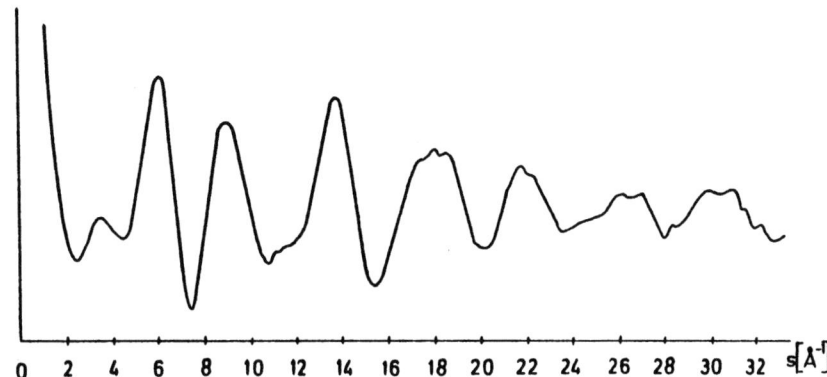

Abb. 2: Streuintensitätskurve von Pyrrolidin

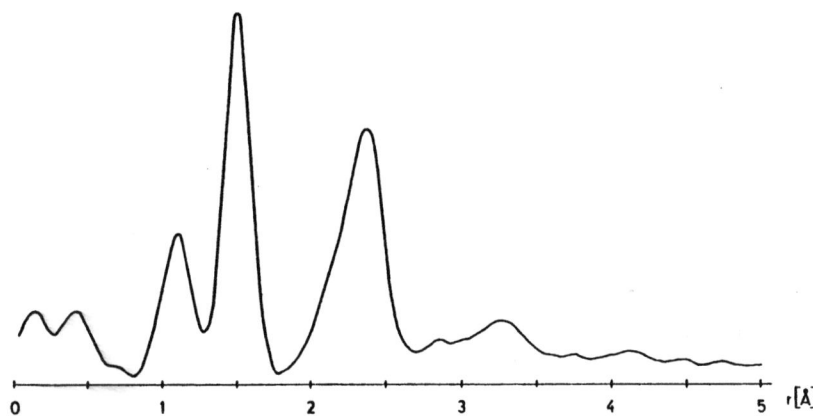

Abb. 3: Radialverteilungskurve von Pyrrolidin

ser Kurve lassen sich Näherungswerte für die intramolekularen
Atomabstände r entnehmen:

Der Peak bei 1.10 Å entstammt dem NH- und den acht CH-
Bindungsabständen.
Der intensivste Peak mit Maximum bei 1.54 Å wird von den
drei CC- und den beiden CN-Bindungslängen gebildet.
Im breiten Peak zwischen 2.0 und 2.5 Å fallen die C...C-,
C...N-, C...H-, N...H- und H...H-Abstände über einem
Winkel zusammen.
Die übrigen Peaks bei etwa 2.9(?), 3.3, 3.7(?) und 4.2 Å
entstammen C...H-, N...H- und H...H-Abständen über mehr
als einem Winkel.

Da die Intensität eines Peaks mit r und dem Produkt der Ordnungszahlen der beteiligten Atome abnimmt, sind die letztgenannten Abstände nur schwer auszumachen. Die Komplexität des Strukturproblems ist unmittelbar an der Breite des dritten Peaks zu erkennen: Da hier keiner der wichtigsten nichtgebundenen Abstände direkt ablesbar ist, kann die Struktur nur durch Verfeinerung eines Modells ermittelt werden.

Zahlreiche langwierige Optimierungsrechnungen wurden an einem Briefumschlag- und an einem Halbsessel-Modell durchgeführt. Für die Schwingungsamplituden wurden die am 1,5-Diazabicyclo-[3.3.0]octan gefundenen Werte[35] als Startparameter benutzt.
Der Untergrund der inkohärenten Streuung wurde wiederholt verbessert. Die Rechnungen konvergierten in keinem Fall zu einer vernünftigen Struktur mit plausiblen Bindungsparametern.
Aus diesem Befund läßt sich indirekt auf das Vorliegen eines Gemisches mehrerer Konformerer mit ähnlicher Struktur und damit Pseudorotation des Fünfringes schließen. Da die verfügbaren Rechenprogramme die Behandlung komplexer Konformerengemische nicht zulassen, mußte die Strukturermittlung abgebrochen werden.

Pyrazolidin

Über eine Elektronenbeugungs-Untersuchung des Pyrazolidins berichteten Allen und Sutton[19] im Jahre 1950. Dem damaligen methodischen Stand entsprechend konnten nur wenige Informationen gewonnen werden: Für die Bindungslängen CN und NN wurde 1.47 Å angenommen, für CC ergab sich ein Wert von 1.51 Å, und für die Bindungswinkel fand man Werte zwischen 107 und 109°. Über die Faltung des Ringes war keine Aussage möglich, er wurde als planar angenommen.

Theoretische Untersuchung

Analog wie bei 13 wurden für die wichtigsten Konformationen von Pyrazolidin CECAL- und MINDO/2-Rechnungen durchgeführt. Die Ergebnisse sind in Tab. 2 zusammengestellt; die Definition der Winkel α und ϕ ist aus Abb. 1 ersichtlich.

Tab. 2: CECAL- und MINDO/2-Ergebnisse für verschiedene Konformationen von Pyrazolidin.

	eben	C_2	C_s
α_1 (°)	109.3	105.8	106.6
α_2 (°)	109.3	105.8	106.6
α_3 (°)	108.5	106.6	102.4
α_4 (°)	104.3	103.4	96.5
α_5 (°)	108.5	105.8	102.4
ϕ_1 (°)	0	-35.5	0
ϕ_2 (°)	0	+28.4	30.4
ϕ_3 (°)	0	-10.6	-46.6
ϕ_4 (°)	0	-10.6	46.6
ϕ_5 (°)	0	+28.4	-30.4
E (kcal/mol)	5.36	2.97	0.00
ΔH_f (kcal/mol)	26.82	28.17	27.96

Für die Konformation mit C_2-Gerüstsymmetrie wurde der Potentialverlauf für eine Torsion um die NN-Bindung mit ϕ_1 von $-70°$ bis $+70°$ in $10°$-Schritten berechnet unter gleichzeitiger Relaxation sämtlicher übrigen Strukturparameter (Abb. 4). Bei cis-diaxialer HN-NH-Verknüpfung ist das Molekül bezüglich der Torsion um die NN-Bindung zu $0°$ symmetrisch. Man erhält also auch ein symmetrisches Potential mit einem Maximum von 21.7 kcal/mol bei $0°$ und Minima von 10.2 kcal/mol bei $-61.0°$ und $+61.0°$. Geht man von einer trans-diaxialen HN-NH-Stellung aus, so gehen die N-ständigen Wasserstoffatome bei Torsion kontinuierlich in die diäquatoriale Stellung über. Man findet Minima bei $\phi_1 = -35.4°$ von 7.43 kcal/mol und bei $49.5°$ von 9.61 kcal/mol. Beim ersten Minimum beträgt der HN-NH-Winkel $161.8°$, man kann also von einer trans-diaxialen Stellung sprechen. Im anderen Fall beträgt der HN-NH-Winkel $78.3°$, d.h. die Wasserstoffatome sind diäquatorial angeordnet. Die Energiebarriere beträgt ca. 3 kcal/mol.

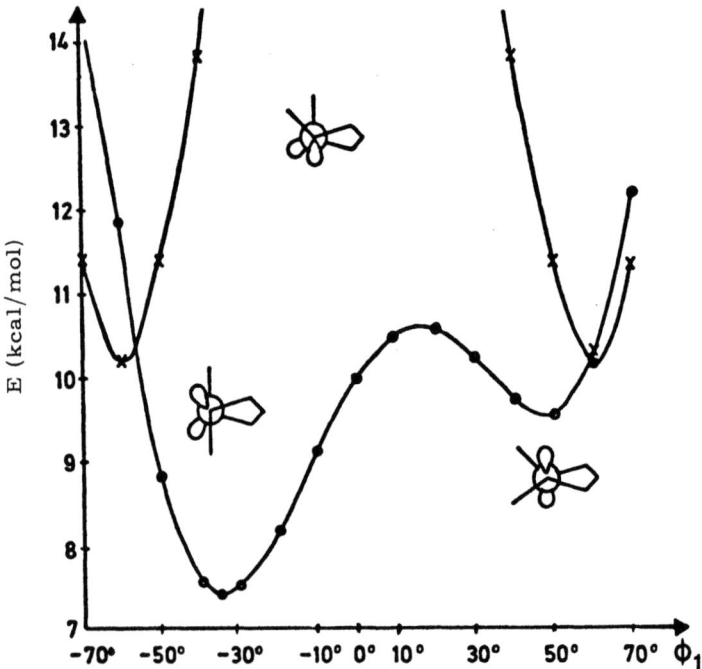

Abb. 4: Spannungsenergien verschiedener Konformationen von Pyrazolidin nach CECAL.

Aufhebung der C_2-Symmetrie führte zu keiner wesentlichen Erniedrigung der Minima, da durch eine weitere Verdrillung nur wenig van-der-Waals-Energie gewonnen wird, Winkel- und Torsionsenergie jedoch stärker ansteigen. Nach diesen Rechnungen ist für das Pyrazolidin also eine C_2-Konformation mit trans-diaxialer Stellung der Wasserstoffatome der HN-NH-Gruppe zu erwarten. Die C_2-Symmetrie kann unter Umständen durch eine Verdrehung der Ringspitze (C_4) gestört sein.

An den Daten der Tab. 2 erkennt man, daß die C_2- und die C_s-Konformation in etwa energiegleich sind. Nach MINDO/2 ist die ebene Konformation am stabilsten, nach CECAL die C_2-Form.

Spektroskopische Untersuchung

Die Symmetrieeigenschaften eines Moleküls spiegeln sich in seinen <u>Schwingungsspektren</u> (IR und Raman) wider. Häufig ist es daher möglich, eine Entscheidung zwischen verschiedenen Konformeren zu treffen. Für die Halbsesselform mit C_2-Symmetrie und für die Briefumschlagform mit C_s-Symmetrie gelten die in Tab. 3 aufgeführten Auswahlregeln. Dabei ist allerdings zu berücksichtigen, daß die Halbsesselform bei trans-ständigen NH-Gruppen nur ein Gerüst mit C_s-Symmetrie besitzt, während das Gesamtmolekül symmetrielos ist.

<u>Tab. 3</u>: Auswahlregeln für Pyrazolidin mit C_2- bzw. C_s-Symmetrie.

C_2	C_2	Ra	IR	CH_2/NH	Gerüst	Gesamt
A	s	p	M_z	12	5	17
B	as	dp	$M_\perp$	12	4	16
			Gesamt	24	9	33

C_s	σ_z	Ra	IR	CH_2/NH	Gerüst	Gesamt
A'	s	p	$M_\perp$	13	5	18
A"	as	dp	M_z	11	4	15
			Gesamt	24	9	33

Die Auswahlregeln der Punktgruppen C_2 und C_s unterscheiden sich so geringfügig, daß keine Entscheidung aufgrund der Schwingungsspektren möglich ist: Von den 33 Normalschwingungen sind bei C_2-Symmetrie 17 und bei C_s-Symmetrie 18 als polarisierte Ramanbanden zu erwarten.

IR- und Ramanspektren von Pyrazolidin wurden an der reinen Flüssigkeit aufgenommen. Die gewonnen Frequenzen sind in Tab. 4 aufgeführt. Unter Zugrundelegung von C_2-Symmetrie wurden den Frequenzen Schwingungsformen zugeordnet, die sich in Analogie zu anderen Fünfringen[31,32] ergeben. Diese Zuordnungen können jedoch nicht als endgültig betrachtet werden.

Als niedrigste Schwingung wurde im Ramanspektrum eine Linie bei 256 cm^{-1} für eine nichtebene Deformation gefunden. Ihre im Vergleich mit dem Pyrazolidin (145 cm^{-1}) hohe Frequenz deutet auf eine relativ starre Struktur.

Zur Bestimmung des CC-Torsionswinkels von Pyrazolidin nach der R-Wert-Methode[22] wurde das 2,2-Dideuteropyrazolidin synthetisiert. Das ^{1}H-NMR-Spektrum (D-entkoppelt) der mittleren CH_2-Gruppe ist in Abb. 5 als obere Kurve dargestellt; die untere Kurve zeigt ein simuliertes Spektrum mit $^3J_{trans}$ = 3.4 Hz und $^3J_{cis}$ = 11.4 Hz. Die überzähligen Linien entstammen restlichen Protonen der CD_2-Gruppe. Nach Gleichung 1 ergibt sich ein Torsionswinkel $\phi_3 = 15°$.

Das PE-Spektrum des Pyrazolidins zeigt für die n-Elektronen zwei Ionisationsbanden mit Maxima bei 9.18 und 9.62 eV.[36] Aus der Aufspaltung dieser beiden Banden läßt sich der Diederwinkel zwischen den beiden einsamen Elektronenpaaren zu 75° abschätzen, was einem Ringtorsionswinkel ϕ_1 von ungefähr 40° entspricht, ein Wert, der ziemlich gut mit dem entsprechenden Winkel der CECAL-Rechnung für die C_2-Form (35.5°) übereinstimmt. Die beiden einsamen Elektronenpaare nehmen dann diäquatoriale und die N-H-Bindungen diaxiale Positionen ein.

Unter der Annahme von C_2-Symmetrie folgt mit $\phi_3 = 15°$ und

Tab. 4: IR- und Ramanbanden von Pyrazolidin

IR	Ra	P	Zuordnung[*)]		
	256 ? vvw		A	γ	Ring
340 b vw	343 b vw	0.66	B	γ	Ring
606 w					
	627 vw	0.21	A	δ	Ring
635 b w	638 vw	0.29	A	γ	NH
	665 ? vw				
	679 vw	0.40	B	δ	Ring
701 b vw					
	797 w	0.43	B	ρ	CH$_2$
	830 sh	0.12			
846 b vs	842 m	0.14	A	ρ	CH$_2$
895 m	883 sh	0.15	A	ρ	CH$_2$
910 sh	908 vs	0.11	A	ν	Ring
960 bw	941 m	0.10	A	τ	CH$_2$
1010 sh	1005 sh	0.57	B	ν	Ring
1020 sh					
1029 w	1024 m	0.32	B	τ	CH$_2$
1062 s	1057 w	0.26	A	ν	Ring
1130 s	1129 vw	0.10	A	ν	Ring
	1154 vw	0.13	B ?	τ	CH$_2$
1203 vw	1211 sh	0.55	B	ν	Ring
1250 sh	1227 m	0.47	B	γ	CH$_2$
1265 b m	1253 m	0.26	A	γ	CH$_2$
1300 sh w	1299 vvw	0.25	B ?	γ	CH$_2$
1328 w	1330 vw		B	γ	NH
1370 bw					
1405 m	1401 vw	0.59			
1410 sh	1413 vw	0.57			
1432 w	1434 w	0.62			
1451 m	1449 m	0.64		δ	CH$_2$
1465 sh					
1470 sh	1468 m	0.56			
1480 sh	1479 sh	0.54			
1550 w	1546 vw	0.25	A	δ	NH

Fortsetzung

Tab. 4: Fortsetzung

IR	Ra	p	Zuordnung[*)]
1580 m	1590 vw	0.0	B δ NH
1660 m b			
2875 vs	2878 s	0.08	
2930 sh	2929 s	0.0	ν CH_2
2960 vs	2965 s	0.24	
2975 sh	2974 sh		
3070 sh	3060 vw		
3110 sh			
3230 vs b			ν NH
3370 b s			

[*)] Symmetrieklasse C_2 (Halbsesselform)
ν Valenzschwingung
δ Deformationsschwingung
ρ ebene Kippschwingung (rock)
γ nichtebene Kippschwingung (wag)
τ Torsionsschwingung (twist)
p Depolarisationsgrad
s stark
w schwach
v sehr
b breit
sh Schulter

$\phi_1 = 40°$ für die beiden CN-Bindungen ein Torsionswinkel $\phi_3 = \phi_5 \approx 35°$.

Die Aufnahme eines FIR-Spektrums gelang wegen apparativer Unzulänglichkeiten nicht.

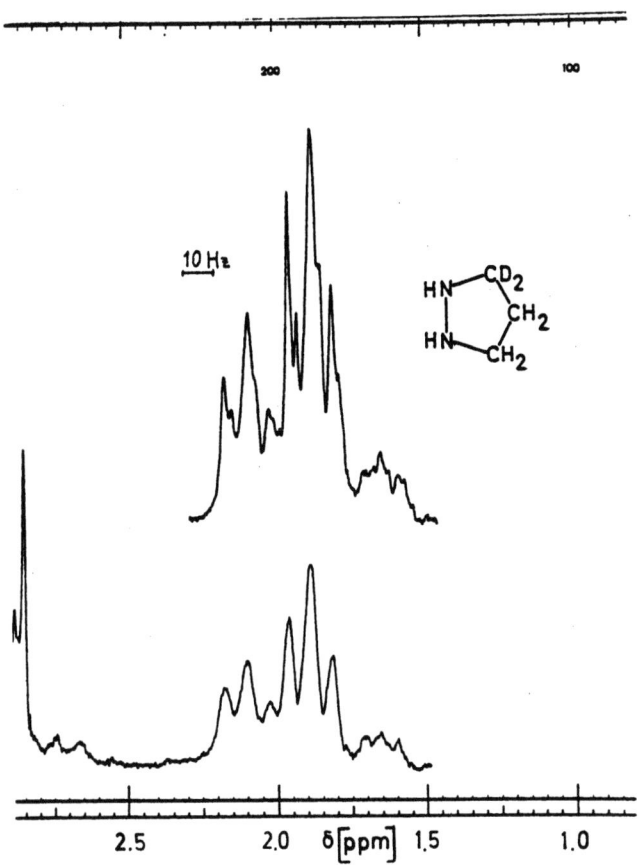

Abb. 5: ^{1}H-NMR-Spektrum von 3,3-Dideuteropyrazolidin (Ausschnitt: mittlere CH$_2$-Gruppe). Experimentelles (oben) und berechnetes Spektrum.

Elektronenbeugung

Die Elektronenbeugungs-Messungen wurden analog den Angaben beim Pyrrolidin bei 30° durchgeführt. Die Wellenlänge der Elektronen betrug 0.049380 ± 0.000019 Å (250 mm Kameraabstand) und 0.049291 ± 0.000010 Å (500 mm). Die erhaltene Streukurve ist in Abb. 6, die Radialverteilungskurve in Abb. 7 dargestellt. Der letzteren Kurve lassen sich Schätzwerte für die Atomabstände entnehmen:

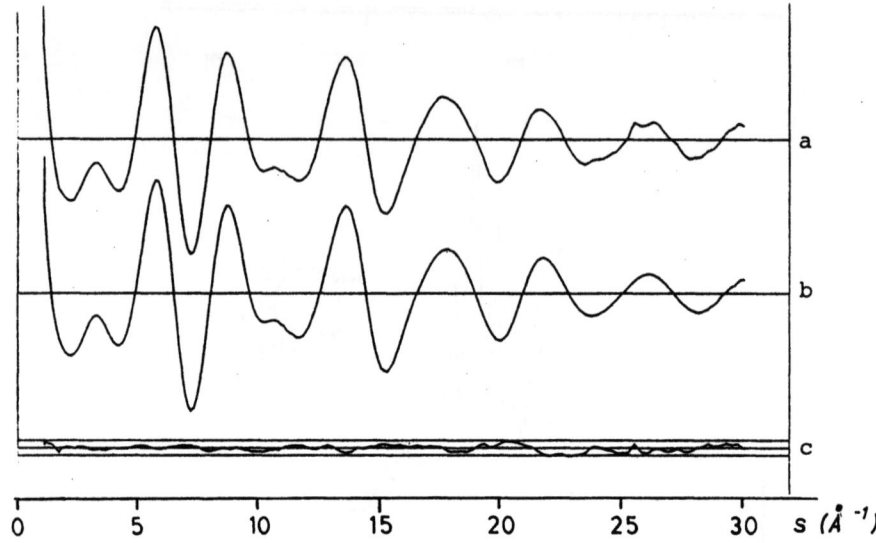

Abb. 6: Experimentelle (a) und berechnete (b) Streuintensitätskurve von Pyrazolidin mit Differenzkurve (c)

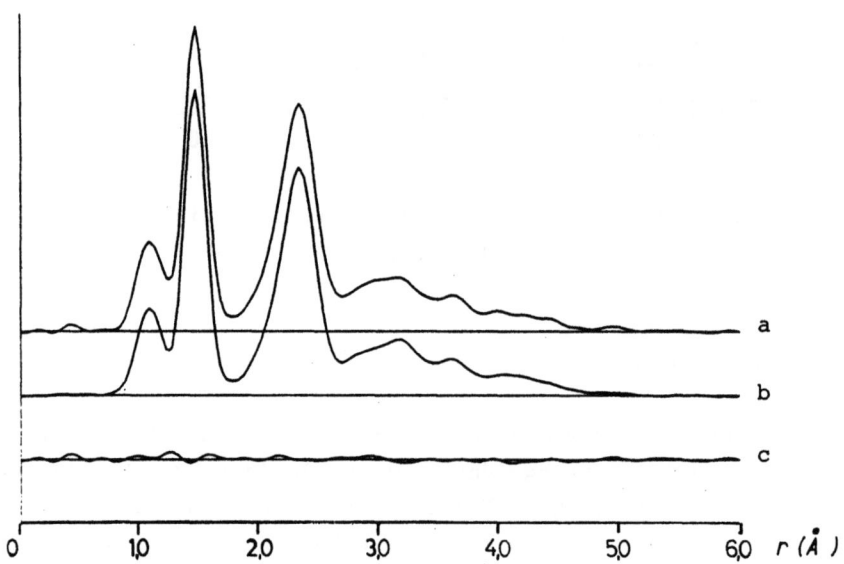

Abb. 7: Experimentelle (a) und berechnete (b) Radialverteilungskurve von Pyrazolidin mit Differenzkurve (c)

Der Peak bei 1.10 Å enstammt den beiden NH- und den sechs
CH-Bindungsabständen.
Der intensive Peak mit Maximum bei 1.48 Å wird von dem
NN-, den beiden CN- und den beiden CC-Bindungslängen gebildet.
Im dritten Peak (ca. 2.0 bis 2.5 Å) fallen die C...C-,
C...N-, C...H- und N...H-Abstände über <u>einem</u> Winkel zusammen. Die drei H...H-Abstände der Methylengruppen bilden die Schulter bei etwa 1.9 Å.
Die übrigen Peaks bei 2.9, 3.2, 3.6 und 4.0 Å enstammen
Abständen über mehr als einem Winkel.

An der experimentellen Streuintensitätskurve wurden für verschiedene Modelle Verfeinerungsrechnungen in der üblichen Weise [34,35] durchgeführt, wobei der Untergrund der inkohärenten Streuung wiederholt verbessert werden konnte. Die beste Anpassung

<u>Tab. 5</u>: Strukturparameter von Pyrazolidin aus Elektronenbeugung

Parameter	r (Å)		l (Å)
NN	1.443 ± 0.020		0.046 ± -
CN	1.484 ± 0.018		0.043 ± 0.004
CC	1.530 ± 0.016		0.052 ± 0.005
CH	1.115 ± 0.021		0.082 ± 0.010
NH	1.044 ± 0.049		0.080 ± 0.020
α_1	105.6 ± 2.2°	ϕ_1	46.0 ± 2.9°
α_2	105.6 ± 2.2°	ϕ_2	-37.0 ± 2.0°
α_3	106.6 ± 2.9°	ϕ_3	13.5 ± 0.8°
α_4	103.5 ± 1.9°	ϕ_4	13.5 ± 0.8°
α_5	106.6 ± 2.9°	ϕ_5	-37.0 ± 2.0°

ergab das C_2-Modell mit diaxalen NH-Bindungen. Die für dieses
Modell berechneten Streu- und Radialverteilungskurven sind in
Abb. 6 und 7 dargestellt. Die erhaltenen Strukturparameter
sind in Tab. 5 zusammengestellt; die Definition der Winkel α
und ϕ ist aus Abb. 1 ersichtlich.

Bei den Bindungslängen handelt es sich um r_a-Werte.[14] l ist die mittlere Schwingungsamplitude des jeweiligen Abstandes.

Die erhaltenen Torsionswinkel φ stimmen sehr gut mit den nach CECAL berechneten und den spektroskopisch ermittelten Werten überein. Die Bindungslängen ähneln weitgehend denen des 1,5-Diazabicyclo[3.3.0]octans (18).[35]

Imidazolidin und 1,2,4-Triazolidin

Für die bislang unbekannten und wahrscheinlich instabilen Verbindungen 15 und 16 wurden unter Verwendung der in Tab. 8 aufgeführten Bindungslängen CECAL-Rechnungen durchgeführt. Die erhaltenen Bindungs- und Torsionswinkel α und ϕ, deren Definition aus Abb. 1 ersichtlich ist, sowie die relativen Spannungsenergien E sind in den in Tab. 6 und 7 aufgeführt. Für die nach CECAL ermittelten Strukturdaten der verschiedenen Konformationen wurden MINDO/2-Rechnungen ausgeführt; die berechneten Bildungswärmen ΔH_f sind ebenfalls in den Tab. 6 und 7 enthalten.

Die Daten E und ΔH_f gestatten keine abschließende Aussage über die Konformationseigenschaften der beiden Verbindungen, zumal die Ergebnisse nicht einheitlich sind. So folgt für Imidazolidin nach CECAL, daß die C_s-Form, und nach MINDO/2, daß die ebene Form die stabilste Konformation besitzt. Beim 1,2,4-Triazolidin besitzt nach MINDO/2 die C_2-Form und nach CECAL die C_s-Form die niedrigste Energie. Da wegen der Instabilität der Substanzen experimentelle Untersuchungen nicht möglich sind, müssen hier die Ergebnisse aufwendigerer quantenchemischer (ab initio) Rechnungen abgewartet werden.[23]

Tab. 6: CECAL- und MINDO/2-Ergebnisse für verschiedene Konformationen von Imidazolidin.

	eben	C_2	C_s
α_1 (°)	107.6	103.8	105.3
α_2 (°)	107.6	103.8	105.3
α_3 (°)	106.8	102.0	101.0
α_4 (°)	111.1	112.7	103.6
α_5 (°)	106.8	102.0	101.0
ϕ_1 (°)	0.0	40.9	0.0
ϕ_2 (°)	0.0	−31.5	28.0
ϕ_3 (°)	0.0	12.5	−47.1
ϕ_4 (°)	0.0	12.5	47.1
ϕ_5 (°)	0.0	−31.5	−28.0
E (kcal/mol)	4.91	0.65	0.00
ΔH_f (kcal/mol)	14.45	16.56	18.44

Tab. 7: CECAL- und MINDO/2-Ergebnisse für verschiedene Konformationen von 1,2,4-Triazolidin.

	eben	C_2	C_s
α_1 (°)	107.3	105.7	104.9
α_2 (°)	107.3	105.7	104.9
α_3 (°)	110.5	110.3	104.3
α_4 (°)	104.4	103.3	97.1
α_5 (°)	110.5	110.3	104.3
ϕ_1 (°)	0.0	21.3	0.0
ϕ_2 (°)	0.0	−18.0	29.8
ϕ_3 (°)	0.0	6.9	−16.4
ϕ_4 (°)	0.0	6.9	46.4
ϕ_5 (°)	0.0	−18.0	−29.8
E (kcal/mol)	4.20	1.84	0.00
ΔH_f (kcal/mol)	36.31	35.80	38.22

Zusammenfassung

Die Untersuchungen an den Azacyclopentanen 13 - 16 ergaben, daß Pyrrolidin (13) zu den pseudorotierenden Molekülen gehört, während Pyrazolidin (14) eine starre Konformation mit C_2-Symmetrie besitzt. Die Molekülstruktur von 14 wurde aus Elektronenbeugungsdaten bestimmt, dies gelang bei 13 wegen des komplexen Konformerengemisches nicht. Die bislang an Imidazolidin (15) und 1,2,4-Triazolidin (16) durchgeführten theoretischen Untersuchungen lassen eine abschließende Aussage über die Konformationseigenschaften nicht zu.

Experimentelles

Verwendete Geräte

Raman-Spektren: Coderg T800, Ar^+-Laser 514,5 nm.
IR-Spektren: Perkin-Elmer 225, 257, 475.
FIR-Spektren: RIIC FS720.
NMR-Spektren: Varian T60, XL100.
PE-Spektren: Perkin-Elmer PS16, Eichung mit Ar/Xe.
Elektronenbeugung: Balzers Eldigraph KDG2.
Datenverarbeitung: IBM 360/50 (Münster); Prime750 (Essen), TR445 (Düsseldorf).

Substanzen

Pyrrolidin ist im Handel erhältlich. Pyrazolidin wurde nach Buhle et al.[44] synthetisiert. Die Darstellung des 3,3-Dideuteropyrazolidins erfolgte auf folgendem Wege:

β-Propiolacton läßt sich mit Lithiumaluminiumhydrid-d_4 zu Dideuteropropan-1,3-diol reduzieren. Umsetzung mit Phosphortribromid führt zu 1,1-Dideutero-2,3-dibrompropan, aus dem das Produkt durch Umsetzung mit Hydrazin auf dem von Buhle et al.[44] beschriebenen Weg erhalten wird.

Anhang

Das Programm CECAL

Für Kraftfeldrechnungen an gesättigten organischen Molekülen mit Stickstoff und Sauerstoff als Heteroatomen wurde das Programm CECAL entwickelt. Das Programm gestattet es, einerseits für eine beliebige Geometrie die zugehörige Spannungsenergie zu berechnen und andererseits die Struktur mit der niedrigsten Spannungsenergie zu ermitteln. Der Aufbau des Programms und die Rechenverfahren entsprechen weitgehend dem üblichen Standard;[1, 26] die Neuentwickelung war jedoch erforderlich, um die bei anderen Programmen nicht vorgesehenen Besonderheiten von Bindungen zwischen zwei Heteroatomen (N-N, N-O, O-O) explizit berücksichtigen zu können.

Nach dem bei solchen Berechnungen üblichen Verfahren wird die Konformationsenergie E eines Moleküls als Summe aller Stauchungs- oder Dehnungsenergien von Bindungen E_B, der Deformationsenergien von Bindungswinkeln E_W, der Torsionsenergien E_T, der van-der-Waals-Energien der nichtgebundenen Atome E_V sowie anderer Energiebeiträge (z.B. elektrostatischer Natur) E_S erhalten:

$$E = E_B + E_W + E_T + E_V + E_S$$

Für E_B, E_W und E_V wurden die folgenden Potentialfunktionen mit den in Tab. 8 und 9 aufgeführten Parametern verwendet:

$$E_B = 71.94 \, k_{ij} \, \Delta r^2 \, (1 - 2\Delta r) \quad \text{(kcal/mol)}$$
$$\Delta r = r_{ij} - r^o_{ij}$$

$$E_W = 0.02191 \, k_{jlm} \, \Delta \alpha^2 \, (1 - 0.006 \Delta \alpha) \quad \text{(kcal/mol)}$$
$$\Delta \alpha = \alpha_{jlm} - \alpha^o_{jlm}$$

$$E_V = e_{ij} \, (8.28 \cdot 10^5 \, e^{-r/0.0736} - 2.25 r^{-6}) \quad \text{(kcal/mol)}$$
$$r = r_{ij}/v_{ij}$$

Dabei bedeuten r_{ij} die Länge eines Abstandes zwischen zwei Atomen und α_{jlm} einen Bindungswinkel. r^o_{ij} und α^o_{jlm} sind die entsprechenden Standardwerte von Bindungsabständen und -winkeln (siehe Tab. 8 und 9), und v_{ij} ist gleich der Summe der van-der-Waals-Radien der beteiligten Atome. Für die Parameter der Tab. 8 und 9 wurden soweit wie möglich Literaturdaten verwendet, in den übrigen Fällen waren Schätzungen erforderlich. Die Angaben für E_W wurden der Literatur entnommen;[1] berücksichtigt werden nur Atompaare, die mehr als zwei Bindungen voneinander entfernt sind.

Bei den Torsionspotentialen E_T wurden zwei Typen unterschieden:

1.) C-X-Bindungen, X = C, N, O

Die Torsionspotentiale lassen sich durch die Beziehung

$$E_T(\phi) = 0.5 \, V_3 \, (1 + \cos 3\phi)$$

darstellen, wobei ϕ den Torsionswinkel und V_3 das dreizählige Potential bedeuten. V_3 besitzt die Werte 2.93 (C-C), 1.98 (C-N) und 1.07 kcal/mol (C-O)[37]. Berücksichtigt man die Anzahl der Diederwinkel A-B-C-D einer B-C-Bindung, 9 (C-C), 6 (C-N) und 3 (C-O), so läßt sich der Beitrag <u>eines</u> Diederwinkels in guter Näherung mit

$$E_T(\phi) = 0.1685 \, (1 + \cos 3\phi) \qquad (kcal/mol)$$

erfassen.

2.) X-Y-Bindungen, X,Y = N, O

Das Torsionspotential einer Einfachbindung zwischen zwei Heteroatomen läßt sich als Summe je eines ein-, zwei- und dreizähligen Potentials (V_1, V_2, V_3) ausdrücken:[37]

$$E_T(\phi) = 0.5 \, V_1 \, (1 - \cos \phi) + 0.5 \, V_2 \, (1 - \cos 2\phi) + 0.5 \, V_3 \, (1 - \cos 3\phi)$$

Mit den Werten von V_3, V_2 und V_1 von Hydrazin, Hydroxylamin und Wasserstoffperoxid[37] ergibt sich für

<u>N-N-Bindungen:</u>

$$E_T(\phi) = -3.71 (1 - \cos \phi) - 3.96 V_2 (1 - \cos 2\phi)$$
$$-0.635 (1 - \cos 3\phi) + 12.37 \quad \text{(kcal/mol)}$$
$$\phi = \angle :NN:$$

<u>N-O-Bindungen:</u>

$$E_T(\phi) = 4.43 (1 - \cos \phi) + 3.31 (1 - \cos 2\phi)$$
$$-0.42 (1 - \cos 3\phi) \quad \text{(kcal/mol)}$$
$$\phi = \angle :NOA$$

<u>O-O-Bindungen:</u>

$$E_T(\phi) = -3.54 (1 - \cos \phi) - 1.76 (1 - \cos 2\phi)$$
$$-0.11 (1 - \cos 3\phi) + 7.94 \quad \text{(kcal/mol)}$$
$$\phi = \angle AOOB$$

Bei NN und NO-Bindungen wird ϕ als Diederwinkel zwischen den einsamen Elektronenpaaren der N-Atome bzw. zwischen dem einsamen Elektronenpaar an N und der Bindung an O definiert. Dabei ergibt sich die Richtung eines einsamen Elektronenpaares aus den Einheitsvektoren der drei σ-Bindungen des Stickstoffatoms.

Die Berücksichtigung der aus elektrostatischen Effekten resultierenden Beiträge zu E_S ist schwierig, da dazu die Ladungsverteilung im Molekül bekannt sein müßte. Die entsprechenden Beiträge wurden daher vernachlässigt, soweit sie nicht bei den Torsionspotentialen berücksichtigt sind.

Ausgehend von einem vorgegebenen Minimalsatz unabhängiger Strukturparameter (Bindungslängen r, Bindungswinkel α und Torsionswinkel ϕ) werden zunächst <u>sämtliche</u> im Molekül vorhandenen Atomabstände, Bindungs- und Torsionswinkel ermittelt. Die zu dieser Struktur gehörige Konformationsenergie ergibt sich dann mit Hilfe der vorstehenden Formeln. Die Minimalisierung der Konformationsenergie und damit die Optimierung der unabhängigen Strukturparameter erfolgt nach der Gradienten-Methode oder nach dem Newton-Raphson-Verfahren. Die kontinuierliche Variation einzelner Strukturparameter unter gleichzeitiger Optimierung der übrigen gestattet eine systematische Berechnung der gesamten Potentialhyperfläche des Moleküls.

Tabelle 8: Parameter zur Berechnung von E_B und E_V.

i	j	k_{ij} (mdyn/Å)		r^o_{ij} (Å)	e_{ij}	v_{ij} (Å)
H	H				0.042	2.40
C	H	4.6	a)	1.095	0.067	2.90
N	H	6.3	b)	1.038	0.063	2.70
O	H	7.5	c)	0.970	0.069	2.60
C	C	4.4	a)	1.536	0.107	3.40
N	C	4.9	b)	1.472	0.100	3.20
O	C	5.2	c)	1.428	0.111	3.10
N	N	4.1	d)	1.450	0.095	3.00
O	N	3.8	e)	1.460	0.105	2.90
O	O	3.6		1.490	0.116	2.80

a) Lit.[38], b) Lit.[39], c) Lit.[40], d) Lit.[41], e) Lit.[42]

Tabelle 9: Parameter zur Berechnung von E_W.

j	l	m	k_{jlm} (mdyn/Å rad^2)		α^o_{jlm} (Grad)
H	C	H	0.19	a)	109.5
C	C	H	0.24	a)	109.5
N	C	H	0.28	b)	109.5
O	C	H	0.26	c)	109.5
H	N	H	0.23	b)	106.0
C	N	H	0.20	b)	112.0
N	N	H	0.30		106.0
O	N	H	0.30		106.0
H	O	H	0.27		107.2
C	O	H	0.30	c)	104.0
N	O	H	0.30		104.0
O	O	H	0.30		104.0
C	C	C	0.38	a)	109.5
N	C	C	0.38		109.5
O	C	C	0.38		109.5
C	N	C	0.42	b)	106.0
N	N	C	0.42		106.0
O	N	C	0.42		106.0
C	O	C	0.23	c)	104.0
N	O	C	0.30		104.0
O	O	C	0.30		104.0
N	C	N	0.40		109.5
O	C	N	0.40		109.5
N	N	N	0.40		106.0
O	N	N	0.40		106.0

Fortsetzung Tabelle 9:

j	l	m	k_{jlm} (mdyn/Å rad^2)	α^o_{jlm} (Grad)
N	O	N	0.40	104.0
O	O	N	0.40	104.0
O	C	O	0.40	109.5
O	N	O	0.40	106.0
O	O	O	0.40	104.0

a) Lit.[43], b) Lit.[39], c) Lit.[40]

Literaturangaben

1.) E.L. Eliel, N.L. Allinger, S.J. Angyal u. G.A. Morrison, Conformational Analysis, J. Wiley & Sons, New York 1965.

2.) M. Hanak, Conformation Theory, Academic Press, New York 1965.

3.) J. Dale, Stereochemie und Konformationsanalyse, Verlag Chemie, Weinheim 1978.

4.) F.G. Riddell, The Conformational Analysis of Heterocycl Compounds, Academic Press, London 1980.

5.) J. Laane, Pseudorotation of five membered rings, in J.R. Durig (Hrsg.), Vibrational Spectra and Structure, Band 1, Kap. 2, Dekker, New York 1972; und dort zitierte Literatur.

6.) W.J. Adams, H.J. Geise u. L.S. Bartell, J. Am. Chem. Soc. $\underline{92}$, 5013 (1970).

7.) A. Almenningen, H.M. Seip u. T. Willadsen, Acta Chem. Scand. $\underline{23}$, 2748 (1969).

8.) J.A. Greenhouse u. H.L. Strauss, J. Chem. Phys. $\underline{50}$, 124 (1969).

9.) Z. Nahlovska, B. Nahlovsky u. H.M. Séip, Acta Chem. Scand. $\underline{23}$, 3534 (1969).

10.) A. Almenningen, P. Kolsaker, H.M. Seip u. T. Willadsen, Acta Chem. Scand. $\underline{23}$, 3398 (1969).

11.) D. Cremer, J. Chem. Phys. $\underline{70}$, 1898 (1979).

12.) C.W. Gillies u. R.L. Kuczkowski, J. Am. Chem. Soc. $\underline{94}$, 6337, 7609 (1972).

13.) A. Almenningen, L. Fernholt, S. Rustad u. H.M. Seip, J. Mol. Struct. 30, 291 (1976).

14.) O. Bastiansen, K. Kveseth u. H. Møllendal, Topics Curr. Chem. 81, 99 (1979); und zitierte Literatur.

15.) J.R. Durig u. N.J. Natter, J. Chem. Phys. 69, 3714 (1978).

16.) J.H. Hand u. R.H. Schwendeman, J. Chem. Phys. 45, 3349 (1966).

17.) W.V.F. Brooks, C.C. Costain u. R.F. Porter, J. Chem. Phys. 47, 4186 (1967).

18.) L.A. Carreira, R.C. Lord u. T.B. Malloy, Topics Curr. Chem. 82, 1 (1979).

19.) P.W. Allen u. L.E. Sutton, Acta Cryst. 3, 46 (1950).

20.) J.P. McCullough, D.R. Douslin, W.N. Hubbard, S.S. Todd, J.F. Messerly, I.A. Hossenlopp, F.R. Frow, J.P. Dawson u. G. Waddington, J. Am. Chem. Soc. 81, 5884 (1959).

21.) T.P. Pitner, W.B. Edwards, R.L. Bassfield u. J.F. Whidby, J. Am. Chem. Soc. 100, 246 (1978); J.F. Whidby, W.B. Edwards u. T.P. Pitner, J. Org. Chem. 44, 794 (1979).

22.) J.B. Lambert, J.J. Papay, S.A. Khan, K.A. Kappauf u. E.S. Magyar, J. Am. Chem. Soc. 96, 6112 (1974).

23.) Entsprechende Arbeiten sind in Kooperation mit Priv.-Doz. Dr. D. Cremer, Universität Köln, im Gang.

24.) N. Bodor, M.J.S. Dewar, A. Harget u. E. Haselbach, J. Am. Chem. Soc. 92, 3854 (1970).

25.) M.J.S. Dewar u. W. Thiel, J. Am. Chem. Soc. 99, 4907 (1977).

26.) A. Greenberg u. J.F. Liebman, Strained Organic Molecules, Academic Press, New York 1978; zitierte Literatur.

27.) N.L. Allinger, Adv. Phys. Org. Chem. <u>13</u>, 1 (1976).

28.) M. Klessinger u. P. Rademacher, Angew. Chem. <u>91</u>, 885 (1979).

29.) P. Rademacher u. W. Elling, Liebigs Ann. Chem. <u>1979</u>, 1473.

30.) M. Förterer u. P. Rademacher, Chem. Ber. <u>113</u>, 221 (1980).

31.) P.J. Krueger u. J. Jan, Canad. J. Chem. <u>48</u>, 3236 (1970).

32.) T.S. Khoan, Y.A. Pentin u. A.A. Ivlev, Opt. Spectrosc. <u>35</u>, 616 (1973); zit. Literatur.

33.) F. Bohlmann, Chem. Ber. <u>91</u>, 2157 (1958).

34.) H. Oberhammer, Z. Naturforsch. <u>25a</u>, 1497 (1970).

35.) P. Rademacher, J. Mol. Struct. <u>28</u>, 97 (1975); zit. Literatur.

36.) P. Rademacher u. H. Koopmann, Chem. Ber. <u>108</u>, 1557 (1975).

37.) L. Radom, W.J. Hehre u. J.A. Pople, J. Am. Chem. Soc. <u>94</u>, 2371 (1972).

38.) R.G. Snyder u. H.J. Schachtschneider, Spectrochim. Acta <u>21</u>, 169 (1965).

39.) G. Dellepiane u. G. Zerbi, J. Chem. Phys. <u>48</u>, 3573 (1968).

40.) H.J. Becher, Fortschr. Chem. Forsch. <u>10</u>, 156 (1968).

41.) J.C. Decius, J. Chem. Phys. <u>45</u>, 1069 (1966).

42.) P. Rademacher, Dissertation, Universität Göttingen 1968; vgl. P. Rademacher u. W. Lüttke, Ber. Bunsenges. Phys. Chem. 78, 1353 (1974).

43.) D.H. Wertz u. N.L. Allinger, Tetrah. 30, 1579 (1974).

44.) E.L. Buhle, A.M. Moore u. F.Y. Wiselogle, J. Am. Chem. Soc. 65, 29 (1943).

Anerkennung

Die Autoren danken Herrn Prof. Dr. H. Oberhammer, Tübingen, für die freundliche Unterstützung bei den Elektronenbeugungs-Aufnahmen und Herrn Prof. Dr. H. Lackner, Göttingen, für die NMR-Messungen an Pyrazolidin sowie Herrn Dr. K. Wilhelm, Münster, für die NMR-Simulationsrechnungen.

FORSCHUNGSBERICHTE
des Landes Nordrhein-Westfalen

*Herausgegeben
vom Minister für Wissenschaft und Forschung*

Die ,,Forschungsberichte des Landes Nordrhein-Westfalen" sind in
zwölf Fachgruppen gegliedert:

Geisteswissenschaften

Wirtschafts- und Sozialwissenschaften

Mathematik / Informatik

Physik / Chemie / Biologie

Medizin

Umwelt / Verkehr

Bau / Steine / Erden

Bergbau / Energie

Elektrotechnik / Optik

Maschinenbau / Verfahrenstechnik

Hüttenwesen / Werkstoffkunde

Textilforschung

WESTDEUTSCHER VERLAG
5090 Leverkusen 3 · Postfach 30 06 20

Die Untersuchungen an den Azacyclopentanen *13–16* ergaben, daß Pyrrolidin *(13)* zu den pseudorotierenden Molekülen gehört, während Pyrazolidin *(14)* eine starre Konformation mit C_2-Symmetrie besitzt. Die Molekülstruktur von *14* wurde aus Elektronenbeugungsdaten bestimmt, dies gelang bei *13* wegen des komplexen Konformerengemisches nicht.

ISBN 978-3-531-03041-8

MIX
Papier aus verantwortungsvollen Quellen
Paper from responsible sources
FSC® C105338

If you have any concerns about our products,
you can contact us on
ProductSafety@springernature.com

In case Publisher is established outside the EU,
the EU authorized representative is:
**Springer Nature Customer Service Center GmbH
Europaplatz 3, 69115 Heidelberg, Germany**

Printed by Libri Plureos GmbH
in Hamburg, Germany